LA

BAÏONNETTE

PAR

le Capitaine Serge NIDVINE

PARIS

LIBRAIRIE MILITAIRE R CHAPELOT et Ce

IMPRIMEURS-ÉDITEURS

30, Rue et Passage Dauphine, 30

—

1907

LA BAÏONNETTE

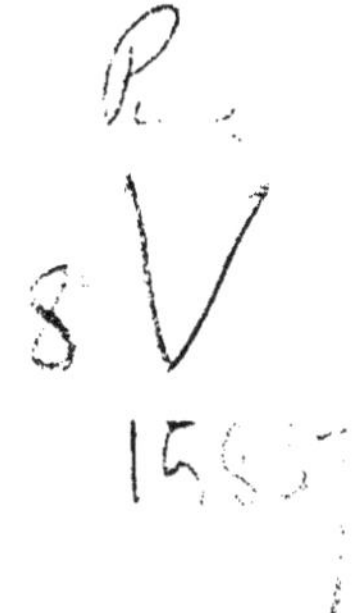

PARIS. — IMPRIMERIE R. CHAPELOT ET C⁰, 2, RUE CHRISTINE

LA
BAÏONNETTE

PAR

le Capitaine Serge NIDVINE

PARIS

LIBRAIRIE MILITAIRE R CHAPELOT ET Cᵉ

IMPRIMEURS-ÉDITEURS

30, Rue et Passage Dauphine, 30

1907

Tous droits réservés.

LA BAÏONNETTE

Considérations générales.

La guerre russo-japonaise a *réhabilité* la *baïonnette* qui avait été, si je puis m'exprimer ainsi, *déclarée en faillite* lors de l'adoption des armes à répétition. Certes, le feu conserve toujours son rôle prépondérant, mais il n'est qu'un moyen ; il prépare l'exécution finale, c'est-à-dire l'action de la baïonnette qui marque la victoire.

Si l'on consulte les statistiques médicales établies pour les guerres modernes, on constate qu'au fur et à mesure que les armes à feu se perfectionnent, le pour cent des blessures produites par les armes blanches diminue. Et encore y a-t-il lieu de faire remarquer que le plus grand nombre des blessures constituant le pour cent en question est occasionné par le sabre, de sorte qu'il en reste très peu à l'actif de la baïonnette.

A l'appui de cette assertion, nous donnons ci-dessous les pour cent de blessures produites par les armes blanches dans quelques campagnes :

Campagne d'Italie de 1859 : 16,7 p. 100 dans les armées autrichienne et française ;

Campagne du Danemark de 1864 : 4 p. 100 dans l'armée danoise;

Campagne de Bohême de 1866 : 5,4 p. 100 du côté prussien, et 4,9 p. 100 du côté autrichien ;

Campagne franco-allemande, bataille de Saint-Privat : 1 p. 100 du côté allemand ;

Guerre turco-russe de 1877-1878 : 0,9 p. 100.

Or, d'après un rapport établi par le médecin-chef de l'armée japonaise, le pour cent réel des blessures produites par *la baïonnette* du côté nippon a été de 7 p. 100.

Comment peut-on s'expliquer ce pour cent ? Évidemment par l'intervention de différents facteurs, tels que mépris de la mort, des deux côtés ; combats de nuit fréquents ; mise en pratique par les Russes de la vieille maxime de Souvorov : « La balle est folle, la baïonnette est sage ». Quoi qu'il en soit, cet emploi fréquent de la baïonnette pendant la guerre russo-japonaise doit nous donner à réfléchir.

En France, comme d'ailleurs dans plusieurs autres grandes puissances, la baïonnette était tellement tombée dans le discrédit que, lorsqu'on fabriqua le fusil modèle 1886 à répétition, il fut sérieusement question de supprimer cette arme que l'on considérait comme désormais inutile. L'escrime à la baïonnette fut également négligée et considérée surtout comme un exercice d'assouplissement. La baïonnette, avec laquelle les armées de la Révolution avaient chassé l'ennemi du sol français, avec laquelle les armées napoléoniennes avaient remporté tant de victoires, avec laquelle les armées du Second Empire avaient triomphé en Crimée, au Mexique et en Italie, n'était plus qu'une arme de parade. La puissance du feu est devenue telle que l'on croyait qu'il suffirait seul à assurer la décision sur le champ de bataille. On pensait bien qu'il y aurait encore des *menaces de charges à la baïonnette*, mais, en tout cas, plus de combat corps à corps, plus de mêlée..... Or, Russes et Japonais nous ont prouvé que nous étions dans l'erreur et que, tant qu'il existera sur terre des hommes ayant le mépris le plus complet de la mort, la décision sera forcément amenée par la baïonnette.

Une opinion allemande.

Les Allemands se préoccupent également de cette question de la baïonnette ravivée par la guerre russo-japonaise ; le *Militär-Wochenblatt* a publié sur ce sujet un article dont nous extrayons les passages suivants :

« La guerre russo-japonaise a fait renaître la question du combat à la baïonnette. Le fait que, dans le corps à corps, le Japonais, agile, malgré sa petite taille, s'est montré supérieur au Russe, qui est grand et fort mais bien moins adroit et, quelquefois même, lourd dans ses mouvements, a de nouveau attiré l'attention sur la préparation et l'enseignement du combat à la baïonnette. ... Ce phénomène de la guerre d'Extrême-Orient provient surtout du caractère de la lutte pour des positions retranchées. Dans ces luttes, qui duraient souvent plusieurs jours et plusieurs nuits, les Japonais étaient obligés d'avancer pas à pas, au prix de grandes difficultés, jusqu'aux ouvrages russes. Il s'agissait de franchir la zone battue par les feux efficaces du défenseur, puis l'assaillant rencontrait des réseaux de fils de fer ou des abatis qu'il était obligé de détruire ou, à travers lesquels, il lui fallait se frayer un passage. De son côté, le défenseur cherchait, par tous les moyens, à empêcher l'assaillant de franchir ces obstacles ; il avait alors recours, non seulement au fusil, à la mitrailleuse ou à la grenade à main, mais aussi à la contre-attaque qu'il exécutait soit en traversant les lacunes de ces obstacles, soit en les contournant. Comme dans ces combats à courte distance, assaillant et défenseur disposaient des mêmes moyens, il s'ensuivait une lutte qui restait indécise pendant des heures et amenait souvent le *corps à corps*.....

« Russes et Japonais s'étaient préparés au combat à la baïonnette dès le temps de paix..... Toutefois, ce qu'a fourni la moyenne de l'infanterie russe dans le combat à l'arme blanche ne répond pas à ce que l'on croyait pouvoir en attendre, étant donnée la préférence presque proverbiale des Russes pour le corps à corps. La faute en a été l'éducation superficielle agissant uniquement sur la masse.

« Chez les Japonais, il en était tout autrement. Abstraction faite des qualités de la race — rapidité, agilité et aptitudes naturelles — l'éducation tout entière du soldat japonais le mettait dans les meilleures conditions pour combattre à l'arme blanche...

« Nous devons donc, non seulement maintenir l'escrime à la baïonnette, mais développer le plus possible cet exercice. Il est à prévoir que la guerre de l'avenir présentera, sous plus d'un rapport, un caractère assez analogue à celui de la guerre en Mandchourie : une lutte longue et pénible pour des positions fortifiées, lutte qui, malgré tous les moyens de la technique moderne du tir, se terminera forcément par le corps à corps, par le combat à la baïonnette.

« C'est pourquoi il faut donner une place suffisante à l'escrime à la baïonnette et y exercer la troupe pour augmenter la force morale et l'habileté individuelle du soldat. »

Une opinion anglaise.

Les Anglais, eux aussi, sont d'avis que les charges à la baïonnette sont encore possibles ; l'*Army and Navy Gazette* écrit sous
le titre : *La valeur de la baïonnette :*

« Après notre guerre du Sud-Africain, on fut porté à croire
que les anciennes méthodes d'attaque avaient entièrement changé,
que la baïonnette en particulier avait perdu sa valeur et que la
décision ne pouvait être amenée que par les feux de l'artillerie
et de l'infanterie. Même avant la guerre avec les Boërs, les qualités incontestables du nouveau fusil à magasin, possédant une
grande portée et une trajectoire plus rasante, avaient eu pour
conséquence de faire baisser la baïonnette dans l'estime des
militaires. Il en était résulté que l'escrime à la baïonnette n'était
plus considéré que comme un sport destiné à assouplir les soldats. L'idée que des hommes pussent désormais s'élancer à l'attaque et en arriver à un combat corps à corps paraissait être
une utopie. Un éminent écrivain militaire déclarait catégorique-
ment qu'en dehors du canon, il n'y avait plus qu'une seule arme :
le fusil à magasin. De nombreux militaires ont reconnu que cette
assertion était prématurée et que la baïonnette avait maintenant
une tendance à reprendre son ancienne place. . . . . . »

Après avoir rappelé les nombreuses charges à la baïonnette
fournies par les Russes et les Japonais en Mandchourie, l'auteur
de l'article de l'*Army and Navy Gazette* reprend :

« En Chine, pendant l'insurrection des Boxers, alors que nos
troupes avaient en face d'elles un ennemi souvent dix fois supérieur en nombre, l'effet moral de la baïonnette était des plus
évidents. Aux grandes et aux moyennes distances, les Boxers
tiraient avec un certain sang-froid, mais aussitôt qu'ils voyaient
s'approcher nos lignes hérissées de baïonnettes, ils perdaient courage, tiraient mal et, au moment où la charge arrivait sur eux,

*

ou bien ils prenaient la fuite, ou bien ils étaient égorgés sur place.

« La baïonnette a une plus grande valeur dans l'armée anglaise que dans les autres armées. Nous avons eu souvent à lutter avec des races indigènes inspirées par le fanatisme ; nos troupes n'auraient pu arrêter leur élan impétueux, si elles n'avaient été armées que de fusils à magasin sans baïonnette..... Même au Sud-Africain — bien que les combats corps à corps fussent très rares — le seul fait que nos soldats s'apprêtaient à agir par la baïonnette suffisait à remplir de terreur les Boërs..... Étudions donc avec soin les opérations qui se sont déroulées en Mandchourie, afin de savoir comment on s'y est servi de la baïonnette et quels effets elle a produits ; nous rendrons alors à la baïonnette la place à laquelle elle a droit dans l'armement de notre infanterie et nous enseignerons à nos soldats la manière de s'en servir. Par suite des intérêts que nous avons à défendre dans le monde, la baïonnette est une arme que nous ne devons ni bannir ni déprécier. »

Exemples tirés de la guerre russo-japonaise.

Aux États-Unis, après la guerre anglo-boër, le haut commandement de l'armée avait décidé la suppression de la baïonnette. Aussi le fusil modèle 1903, actuellement en cours de fabrication, devait-il être muni d'un simple couteau-poignard. L'emploi fréquent de la baïonnette pendant la guerre russo-japonaise a modifié la décision ci-dessus mentionnée; en conséquence, la distribution du fusil modèle 1903 a été ajournée afin que cette arme pût être pourvue d'une baïonnette.

En un mot, dans toutes les puissances, la baïonnette a été réhabilitée par la guerre russo-japonaise.

Cet article serait incomplet si nous ne citions pas plusieurs cas concrets.

Ce fut d'abord la charge — désormais légendaire — exécutée le 1er mai au *combat de Turentchen* par le 11e régiment de tirailleurs de la Sibérie orientale, en ligne de colonnes de compagnies à intervalles serrés, drapeau déployé, et aux accents entraînants de la musique. Cette charge fut une héroïque folie, c'est vrai, mais ce fut grâce à elle que le petit corps de couverture russe échappa à un désastre complet et put se replier.

*
* *

Pendant la *bataille de Da-shi-tchao,* le 24 juillet 1904, le régiment d'infanterie de Barnaoul eut à soutenir un combat à la baïonnette. « Au plus fort du combat — écrit M. Némirovitch Dantchenko — ce régiment fut chargé de front avec impétuosité, à droite par trois escadrons et à gauche par de l'infanterie japonaise. La 11e compagnie du régiment de Barnaoul repoussa la cavalerie avec des feux de salve, mais les autres compagnies reçurent l'ennemi à la baïonnette. Les Japonais chargeaient en chantant et en criant : *Nippon banzaï!* Il y eut des mêlées terribles. Les soldats du régiment de Barnaoul commençaient à plier ; mais, secourus par le 2e bataillon, ils mirent en fuite les Japonais et les poursuivirent de leurs feux de mousqueterie.....

... Un bataillon du régiment de Tomsk, qui occupait une crête, à droite du village de Liandzouangtoun, fut canonné vigoureusement, vers midi, par deux batteries, puis chargé à la baïonnette par quinze compagnies japonaises qui surgirent soudain d'un champ de gaolian ; il dut se replier en abandonnant ses blessés..... Les endroits où avaient eu lieu les combats à la baïonnette étaient jonchés de cadavres japonais..... »

« Vers 4 heures du soir — écrit le capitaine Eletse, correspondant militaire du *Novoïé Vrémia* — nous avions la certitude que le gros de l'infanterie japonaise était massé en face de notre position du village de Tsiantchjantsé. Nous en tirâmes la conclusion naturelle que l'ennemi voulait tenter de faire une trouée dans nos lignes, juste en face du régiment sibérien de Barnaoul qui, dans les combats précédents, avait déjà fait preuve d'une rare bravoure. Nous nous aperçûmes également que l'ennemi renforçait sa ligne de feu d'au moins une brigade d'infanterie. A ce moment le feu de l'artillerie redoubla d'intensité comme si c'était le prélude de l'attaque décisive. Mais le général Oku, ne voulant pas risquer cette attaque en plein jour, à cause du feu meurtrier de notre artillerie, résolut de ne la faire qu'à la nuit tombante.

« En effet, à 7 h. 30 du soir, la canonnade prit une nouvelle intensité, et, après le coucher du soleil, les Nippons s'élancèrent avec impétuosité à la baïonnette sur le régiment de Barnaoul.

« Le général Zaroubaeff avait, en prévision de cette attaque, renforcé le régiment de Barnaoul de trois bataillons. Les braves soldats de ce régiment soutinrent leur glorieuse réputation de date récente.

« Toutes les charges des Japonais furent repoussées à coups de feu et à la baïonnette.

« Quatre fois, les soldats du régiment de Barnaoul, semblables

à des lions furieux, exécutèrent eux-mêmes des contre-attaques
à la baïonnette, et longtemps au milieu de l'obscurité de la nuit
retentirent leurs formidables hourras. On entendait le cliquetis
des baïonnettes qui se croisaient, et les gémissements des Nippons
opiniâtres transpercés par l'acier.

« Le régiment de Barnaoul subit de fortes pertes, mais ne
recula pas d'un pouce.

« Les vagues ennemies qui venaient se briser contre les baïonnettes du régiment de Barnaoul mettaient à découvert un grand
nombre de fusils et de cartouches que jetaient les Nippons.

« Vers 10 heures du soir, le feu de l'artillerie commença à
s'éteindre des deux côtés, mais la fusillade continua jusqu'à une
heure très avancée de la nuit. »

*
* *

Le 31 juillet 1904, au *combat de Simoutcheng*, un mamelon
retranché (le massif montagneux) ayant été enlevé aux Russes
par les Japonais, le colonel d'état-major Popovitch-Lipovatse
reçut l'ordre de se mettre à la tête de cinq bataillons d'infanterie
et de reprendre cette importante position à la baïonnette.

« A 5 heures du soir — rapporte cet officier supérieur — le
signal de l'attaque fut donné, et les bataillons se portèrent simultanément en avant.

« Les Japonais nous accueillirent par un feu meurtrier; une
véritable pluie de balles et de shrapnels s'abattit sur nous. On
remarquait très bien que les Japonais cherchaient à battre nos
bataillons de première ligne avec des feux de mousqueterie et
à foudroyer nos réserves avec des feux d'artillerie. Nos bataillons
marchaient toujours sans s'arrêter un seul instant.

« Nos soldats poussèrent un formidable hourra; la première
crête du massif montagneux était enlevée. Les soldats du régiment de Voronège tombèrent à la baïonnette sur l'ennemi. C'était
un plaisir de voir avec quel entrain nos braves chassaient des
retranchements les Nippons qu'ils lardaient de coups de baïonnettes.

« Comme les Japonais n'avaient pas mis baïonnette au canon
avant l'attaque, ils payèrent cher cette négligence. N'ayant plus

le temps, au moment de la charge, de tirer leurs baïonnettes pour les fixer aux canons, ils en furent réduits à se défendre à coups de crosse ou à s'enfuir. C'était même comique de voir les efforts que faisaient les soldats du Mikado pour donner des coups de crosse dans les jambes de nos soldats... Deux compagnies japonaises furent exterminées jusqu'au dernier homme par nos baïonnettes... »

*
* *

« A *Liao-yang*, le 30 août 1904 — rapporte M. Tabourine, correspondant de la *Nira* — les tirailleurs de la 1re division (1er et 4e régiments) qui occupaient des tranchées autour du village de Maiétoun, résistèrent toute la journée aux vives attaques des Japonais. Les soldats avaient l'ordre de ne commencer le feu que lorsque les assaillants seraient arrivés à deux cents pas d'eux. A 3 heures de l'après-midi une accalmie succéda soudain à la canonnade. Les soldats prirent leurs postes de combat, serrant nerveusement les crosses de leurs fusils, dans la crainte d'appuyer involontairement sur les détentes. Dans le gaolian immobile, on entendait une sorte de bruissement ; des hommes vêtus de khaki apparaissaient et disparaissaient aussitôt, s'arrêtaient, s'agenouillaient et envoyaient quelques coups de feu.

« Enfin le *banzaï* glapissant des Nippons, d'autres cris ressemblant à nos hourras et des commandements de chefs retentirent, puis toute une masse de fantassins s'élança en avant.

« Les Nippons s'avancent au pas de course sans tirer, en criant : *a, a, a!* Ils se portent vers nos tranchées dans lesquelles tout est encore silencieux. Les visages jaunes ne sont plus qu'à cent pas des tranchées, quand soudain de ces dernières émerge une tête coiffée de la casquette d'officier, qui, d'une voix sèche, commande : *pli!* (feu), et le fracas d'une salve nourrie ébranle l'atmosphère.

« Les Nippons tombent par dizaines sur place, plusieurs font encore quelques pas en chancelant... La voix de l'officier russe commande pour la seconde fois : *pli!* et de nouveaux rangs de Japonais trébuchent sur les cadavres de leurs camarades, tombent, se relèvent et continuent leur course vers les retranchements... Les assaillants sont décimés, mais il ne leur est plus possible de se replier et ils courent en avant comme des fous. Quelques pas seulement les séparent des retranchements, mais les nôtres exécutent un feu rapide, terrible ; la moitié des tirailleurs montent sur le parapet et tirent à bout portant. Pas un seul Japonais n'arrive au pied des retranchements.

« Une salve retentit, mais cette fois elle est exécutée par des Japonais cachés au milieu d'un champ de gaolian. Plusieurs de nos tirailleurs tombent mortellement frappés sur le parapet, les autres redescendent dans les tranchées.

« Les coups de feu cessent. Au-dessus du gaolian flotte un drapeau avec disque rouge sur fond blanc ; les tiges de gaolian s'agitent et, de nouveau, une vague humaine se déroule vers les retranchements écrasant les blessés japonais. Cette vague, décimée par une nouvelle salve russe, chancelle un instant, puis continue d'avancer. Dans les retranchements un feu rapide crépite comme un roulement de tambour... Les soldats du Mikado tombent, les uns frappés par les balles, les autres épuisés par leurs efforts surhumains, tandis que quelques-uns jettent leurs fusils et s'age-nouillent levant les bras au ciel comme pour implorer la mort, puis s'inclinent en avant, semblant faire leurs adieux à la terre.

« Plusieurs blessés, faisant un suprême effort pour se soulever, reprennent leurs fusils et les déchargent en l'air sans but.

« Ceux que la mort a épargnés ne sont plus qu'à vingt pas des retranchements... En avant d'eux, court un soldat japonais, nu-pieds et le collet dégrafé ; sa petite casquette à turban jaune, rejetée en arrière, laisse voir son front recouvert de cheveux noirs comme du jais. Il brandit son fusil au-dessus de sa tête et semble crier de toutes ses forces. A côté de lui court un autre Japonais portant de la main droite un fanion et cachant de son avant-bras gauche sa tête baissée en avant. Ou bien il est blessé ; ou bien il a peur de regarder la mort en face.

« Les assaillants sont aux pieds des retranchements. On entend un commandement russe poussé par une voix rauque. Le crépitement de la fusillade cesse, des hourras retentissent et nos tirailleurs surgissent sur le parapet. Une mêlée atroce s'en-gage ; assaillants et défenseurs sont confondus ensemble, et les baïonnettes accomplissent en silence leur œuvre de mort. Le Japonais qui chargeait nu-pieds s'enferre sur la baïonnette d'un tirailleur russe et s'affaisse en avant tenant toujours son fusil au-dessus de sa tête. Le poids de son corps en roulant sur le sol, fait tomber le fusil du tirailleur russe qui, à son tour, reçoit d'un ennemi un formidable coup de crosse et ne se relève pas.

« Les baïonnettes russes se font jour à travers la masse japonaise, et nos tirailleurs gagnent de plus en plus du terrain. La vague japonaise se désagrège, fond et recule. Quelques Nippons se défendent faiblement et tombent, d'autres jettent leurs fusils et s'enfuient, mais ceux que les baïonnettes ont épargnés sont frappés dans le dos par les balles.

« Nos tirailleurs chargent à leur tour, foulant aux pieds des cadavres ou sautant par-dessus. De temps à autre un corps immobile se soulève pour tirer un coup de fusil ou pour donner un coup de baïonnette. Il semble que les morts se vengent eux-mêmes.

« Après avoir complètement refoulé les assaillants, les tirailleurs russes s'arrêtèrent, se couchèrent sur le sol et tirèrent quelques coups de fusil jusqu'au moment où retentit une salve exécutée du milieu d'un champ de gaolian. Les Japonais avaient reçu du renfort. Les nôtres se replièrent sur leurs retranchements en s'arrêtant parfois pour tirer. L'attaque japonaise fut repoussée, mais sur 240 Russes qui occupaient ce secteur de tranchée, 31 seulement étaient encore sains et saufs. »

Une attaque de nuit.

« Également à Liao-yang, pendant la nuit du 30 au 31 août,
rapporte encore M. Tabourine, les Japonais résolurent de s'em-
parer à tout prix d'une hauteur. A minuit, ils commencèrent
l'attaque de nos retranchements construits en avant de cette
hauteur et occupés par le 2e régiment.

« Les derniers coups de canon viennent d'être tirés, et un pro-
fond silence commence à régner. Soudain, on entend, dans le
lointain, le bruit sourd de nombreuses troupes en marche. Bientôt, une muraille humaine se profile sur le fond sombre de l'ho-
rizon et un feu de salve russe déchire l'atmosphère. La muraille
se rapproche, on ne voit que des têtes et des épaules. Cette muraille humaine semble invulnérable, car l'on ne voit tomber
personne.

« Deux autres salves russes retentissent. Les premiers rangs
japonais ne sont plus qu'à une dizaine de pas des retranchements ; une seconde encore et ils escaladeront les parapets.

« Tout à coup, plusieurs ombres s'affaissent, puis toute une
masse ennemie disparaît, faisant entendre des gémissements qui
semblent sortir de sous terre. Les trous de loup qui avaient été
creusés en avant des retranchements venaient de faire leur œuvre.
Les rangs suivants, ignorant ce qui se passe devant eux,
s'avancent toujours et tombent au même endroit que leurs de-
vanciers, en les écrasant de leur poids. Les trous de loup sont
bientôt comblés par les corps. Cependant les Nippons avancent
toujours. Maintenant ils ne s'affaissent plus, car les trous de loup
sont remplis jusqu'au niveau du sol de chair humaine.

« C'est le moment psychologique de l'attaque ; l'ennemi a sur-
monté tous les obstacles, et il semble que rien ne doive plus
mettre un frein à sa sauvage énergie. Les hommes des derniers
rangs marchent sur les corps de leurs camarades, arrivent au

pied des retranchements russes, trébuchent, tombent et vont escalader le parapet. Mais il reste encore un obstacle : *la baïon-nette !*

« Les lames d'acier se plient, pénètrent dans les corps, certains tirailleurs russes se servent de pierres en guise de projectiles, d'autres arrachent leurs fusils aux Nippons affolés et les égorgent à l'arme blanche.

« Les hommes luttent poitrine contre poitrine ; ceux qui sont désarmés se ruent les uns sur les autres, s'empoignent à bras le corps, s'écrasent et se foulent aux pieds. Les hourras s'affai-blissent, car les blouses grises deviennent de moins en moins nombreuses, mais les soldats du Mikado sont repoussés.

« Une compagnie de mitrailleuses fut également attaquée pen-dant cette même nuit par les Japonais ; serrés de près, les servants mirent baïonnette au canon, firent une contre-attaque et repous-sèrent les assaillants. »

Attaque de nuit d'un village.

Pendant la nuit du 11 au 12 octobre 1904 (nouveau style), le colonel Martynoff reçut l'ordre d'enlever aux Japonais le village de Djandaoul (situé sur la rive gauche du Sha-ho). A 10 heures du soir, le détachement du colonel Martynoff, comprenant deux bataillons du régiment de Zaraisk et quatre du régiment de Morshan, s'approcha du village sans être aperçu par l'ennemi, grâce à la profonde obscurité de la nuit. Les bataillons russes, formés en ligne de colonnes de compagnie, s'avancèrent simultanément sur Djandaoul, de front et de flanc, sans tirer un seul coup de fusil. Accueillies par un feu vif de mousqueterie exécuté d'une façon désordonnée par les petits postes japonais, les colonnes d'assaut russes firent, malgré cela, de tous côtés, irruption dans le village, toujours sans tirer et en eurent vite fini à la baïonnette avec les Nippons. La 4ᵉ compagnie du régiment de Zaraisk entra la première dans Djandaoul. Les Russes tombèrent soudain à la baïonnette sur le gros des forces japonaises qui, en dépit de la fusillade de ses avant-postes, bivouaquait tranquillement au milieu du village, faisant cuire des conserves et buvant le thé.

Les Japonais furent pris de panique. « Les uns — écrit M. Lodyjenskii, correspondant militaire du *Rousskoïé Slovo* — couraient prendre leur fusil qu'ils brandissaient comme des fous, tombant par centaines sous les coups de baïonnette des nôtres; d'autres se sauvaient dans les champs ou se cachaient dans les maisons chinoises. A l'aube, nos soldats fouillèrent ces dernières et tuèrent à la baïonnette un certain nombre de Nippons. Les autres furent sauvés par les Chinois qui les cachèrent dans des endroits secrets. »

Devant Port-Arthur.

(Récit de M. Némirovitch-Dantchenko, publié par le *Rousskoïé Slovo*.)

« Le 26 juillet (nouveau style), les Japonais firent des efforts désespérés et marchèrent à la mort par milliers pour ébranler le courage de nos troupes. Sept charges furieuses qu'ils exécutèrent contre le loupilaz se brisèrent sur les murailles vivantes que formaient nos soldats. Cinq autres charges exécutées avec la plus grande impétuosité contre les collines vertes furent repoussées par les Russes avec une vigueur telle que les Japonais prirent la fuite, jetant leurs fusils et leurs cartouches, et enlevant leurs chaussures pour sortir au plus vite de ce véritable enfer. En une seule journée, 7,000 morts et blessés furent abandonnés par les Nippons sur les pentes fatales de nos positions...

« . . Le 27 juillet, les Japonais exécutèrent encore quatre charges contre le loupilaz et six contre les collines vertes... Souvent les Russes quittaient les retranchements pour se porter à la rencontre des assaillants et les culbutaient en bas des pentes.....

« ... Le 30 juillet, à 2 heures du matin, par une nuit profondément obscure, les Japonais pensant qu'ils allaient nous surprendre, lancèrent 6,000 hommes sur le 13e tirailleurs russes. Bien qu'obligés de se battre dans la proportion d'un contre douze, les soldats de ce régiment soutinrent deux attaques furieuses ; ils repoussèrent l'ennemi à la baïonnette, à coups de crosse, à coups de pierres, avec tout ce qui leur tombait sous la main. Les Japonais dégringolaient les pentes dans les ténèbres, mais remontaient aussitôt pour ne pas laisser de répit à nos soldats épuisés par l'insomnie, par la lutte et par les marches. Les abords de nos positions étaient jonchés de cadavres et rouges de sang. Pendant les courts instants d'accalmie, les gémissements des blessés rendaient encore plus lugubre cette scène nocturne.

Enfin les Japonais firent venir de nouveaux bataillons qui couvrirent toute la montagne et exécutèrent une troisième charge. L'héroïsme lui-même a des limites ; le 13e régiment fut obligé de reculer, mais le 14e régiment chargea à son tour avec impétuosité l'ennemi qui célébrait trop tôt la victoire en poussant des cris de triomphe, et il le rejeta dans l'abîme d'où il venait de surgir, si redoutable et si menaçant. »

* *
*

Tous les récits que nous avons donnés jusqu'ici émanent d'officiers russes ou de correspondants militaires attachés à l'armée du général Kouropatkine ; nous en reproduisons un dû à la plume d'un correspondant du *Times*, qui suivit les opérations du siège de Port-Arthur avec les Japonais.

L'assaut du Namaokayama (20-21 septembre 1904).

« L'assaut, par les Japonais, du Namaokayama, l'un des sommets de la montagne dite du Mètre, constitua l'un des épisodes les plus curieux du siège de Port-Arthur.

« Le 20 septembre 1904, à 3 h. 30 de l'après-midi, l'artillerie japonaise tonna sur toute la ligne avec une intensité plus grande que précédemment, et le bruit courut que le 1er régiment d'infanterie allait donner l'assaut à la crête du Namaokayama aussitôt que le feu aurait cessé.

« L'artillerie russe rouvrit également le feu.

« Un peu avant 5 heures du soir, on remarqua une certaine agitation parmi les soldats du 1er régiment qui commençaient à remuer leurs membres engourdis. Les compagnies se formaient sur deux rangs sur toutes les parties du terrain à l'abri des feux des Russes. Les sous-officiers alignaient et numérotaient leurs hommes, comme s'il se fut agi d'une parade, tandis que les officiers, formant de petits groupes, parlaient de l'assaut imminent et se serraient les mains avant de marcher à la mort. Le colonel du régiment, un vétéran qui avait déjà pris part à une cinquantaine d'engagements était seul, revêtu de sa capote noire, les mains derrière le dos, et considérant avec la plus grande attention la crête de la hauteur. Plusieurs officiers — probablement les commandants de compagnie — s'approchèrent de leur colonel, le saluèrent, prononcèrent quelques paroles, puis allèrent se placer à la tête de leurs compagnies en ce moment au repos. Le drapeau du régiment fut sorti de son enveloppe, et, à ce signal, chaque compagnie déploya son fanion.

« C'était un spectacle grandiose. Les baïonnettes étincelaient au soleil, et les soldats, rangés sur deux rangs, l'arme au pied, les bras croisés et le haut du corps penché en avant, attendaient l'ordre de charger. Les nombreux fanions étaient agités par le vent, tandis que l'étoffe du drapeau du régiment claquait avec force contre sa hampe. Pour la dernière fois, l'artillerie japonaise se mit à tirer avec des shrapnels sur le sommet du Namaokayama, avec une intensité telle que les Russes durent deviner qu'un assaut était imminent.

« Pendant environ une demi-heure, les soldats japonais demeurèrent immobiles, les yeux fixés sur le versant escarpé qu'ils auraient bientôt l'ordre d'escalader.

« Puis l'artillerie japonaise cessa brusquement le feu et, sans autre avertissement, l'enseigne portant le fanion de la compagnie de tête se dirigea vers la colline. Les compagnies se mirent en marche, non pas en longues lignes de tirailleurs, mais en ordre serré, c'est-à-dire en ligne déployée sur deux rangs, les baïonnettes croisées, les capitaines, le sabre à la main, à quelques pas en avant.

« Ce fut une charge d'infanterie, dans le style de celles d'il y a cent ans que l'on croyait disparues pour toujours des champs de bataille modernes. Trois mille hommes s'avançaient, baïonnette au canon, en ordre serré, prouvant ainsi aux théoriciens à quel point s'évanouissent leurs doctrines quand elles sont mises à l'épreuve. En gravissant les pentes de la position, le régiment présentait un front de deux compagnies, il avait donc adopté la formation d'une ligne de bataillons en masse : deux colonnes accolées, fortes de chacune six compagnies en ligne déployée sur deux rangs marchant à six pas les uns derrière les autres. La compagnie de tête de la colonne de droite avait pour point de direction la pièce de gros calibre en batterie sur le sommet de la position.

« A tout instant, on s'attendait à voir une salve balayer les deux compagnies de tête, mais les Russes ne s'aperçurent de l'attaque que lorsque les Japonais furent à quelques pas des retranchements. A ce moment un canonnier russe sortit de son abri et tira, pour la dernière fois, avec la grosse bouche à feu d'un modèle ancien. Une minute après, les fantassins japonais égorgeaient les servants à leurs postes.

« Cette infanterie, qui marchait à l'assaut dans le style d'il y a cent ans, allait maintenant combattre en se servant d'engins qui étaient en vogue à une époque encore plus reculée, sur les champs de bataille de Dettingen et de Fontenoy. Aussitôt qu'une compagnie japonaise atteignait la crête de la hauteur, les soldats passaient le fusil dans la main gauche et, au lieu de jouer de la baïonnette ou de tirer, ils jetaient, avec la main droite, à la tête de leurs adversaires stupéfaits, des projectiles qui, à première vue, paraissaient être des pierres. Mais ces pseudo-pierres produisaient une fumée jaunâtre. Le secret, jusque-là si bien gardé par les Japonais, était enfin découvert ; les projectiles dont se servaient les Nippons n'étaient autres que des grenades à main chargées en dynamite. Chaque soldat portait trois grenades de cette sorte. Les Russes qui défendaient le Namaokayama, furent tellement démoralisés par ce mode d'attaque inattendu qu'ils fournirent peu de résistance. Quant aux Japonais ils souffrirent beaucoup de feux croisés exécutés de la colline de 203 mètres.

« Au moment où la pluie de grenades avait atteint son maximum d'intensité, la position du Namaokayama ressemblait à une immense chaudière du milieu de laquelle s'élevaient lentement des nuages de fumée jaune produits par les éclatements de ces innombrables engins. Au milieu de cette fumée éclataient des obus japonais et russes, tandis qu'au bord de la chaudière les assaillants s'agitaient comme des diablotins, les uns jouant de la baïonnette, les autres tirant sur les Russes qui descendaient en courant le revers de la colline. D'autres enfin — et c'était la majorité — n'ayant plus de grenades, lançaient des pierres ou faisaient rouler des quartiers de roche. Cette étrange scène ne dura pas plus de dix minutes. Les Russes étaient tués ou prisonniers, ou en sûreté sur la route de Port-Arthur. »

Modèle-type d'une attaque à la baïonnette.

Il va sans dire que si les charges à la baïonnette sont réhabilitées, elles ne pourront toutefois réussir que si elles sont exécutées selon des méthodes nouvelles. Sauf pendant la nuit, les
troupes chargées de donner un assaut ne pourront plus adopter
de formations compactes, comme ce fut le cas, par exemple, à
Turentchen ; elles devront se diviser en petits groupes qui chemineront en utilisant tous les abris du sol et en convergeant
vers le point à attaquer. D'ailleurs, les Japonais nous ont donné
un excellent exemple du nouveau mode d'attaque en plein jour
et sous le feu, pendant la bataille de Liao-yang.

Cet exemple a été exposé de main de maître par M. Reginald
Kann dans son livre si intéressant, intitulé : *Journal d'un correspondant de guerre en Extrême-Orient.*

« Confortablement installés derrière de gros rochers — écrit
M. Reginald Kann — nous braquons nos jumelles sur la plaine.
Tout à coup, au revers d'un talus, une mince ligne jaune apparaît. Ce sont les fantassins japonais qui ont mis sac à terre et
commencent l'attaque. Pour cette attaque, on a fractionné les
lignes en petits groupes de 12 à 20 hommes, placés chacun
sous le commandement d'un officier ou d'un gradé. A chacun
de ces groupes, on a fixé le point de la position ennemie où il
doit parvenir ; c'est la seule indication qu'il recevra du commandement.

« La première ligne bondit hors des tranchées, les chefs de
groupes se jettent en avant, courant de toutes leurs forces jusqu'à la ride du terrain la plus proche, où ils se couchent à terre.
Leurs fractions les suivent sans observer aucun ordre, chaque
homme ayant pour unique préoccupation d'arriver le plus vite
possible à l'endroit où il pourra s'aplatir..... Maintenant, de-

vant toute la position russe, on distingue le fourmillement khaki
se rapprochant par bonds. Les hommes suivent le chef, le chef
choisit l'abri en avant et le cheminement à suivre pour s'y ren-
dre. Souvent, profitant de couverts favorables situés en dehors de
leur axe de marche, on voit des groupes obliquer à droite et à
gauche, prendre la même route qu'une fraction voisine et reve-
nir ensuite à leur direction première. Aussi, dès le premier
arrêt, le bel alignement du début s'est brisé : on aperçoit les
sections disséminées sur le glacis, les unes couchées, d'autres
rampant, d'autres en pleine course. Les 900 mètres à parcourir
jusqu'aux défenses ennemies des Russes sont franchis de la
sorte, et c'est là seulement que ce qui reste de la première ligne
japonaise se reforme à l'abri du talus de terre maladroitement
élevé par les Russes pour protéger leurs fils de fer.

« Lorsque la première ligne d'assaillants est arrivée à moitié
chemin de son objectif, la deuxième quitte à son tour les tranchées où elle est restée abritée et se lance sur le glacis, utilisant
le terrain et marchant comme la première..... Six vagues suc-
cessives montent la côte semée de cadavres et de blessés, et l'une
après l'autre viennent se tapir derrière le talus protecteur, à
100 mètres des tranchées ennemies. Pendant ce temps, des vo-
lontaires coupent les fils de fer sous la bouche même des fusils
russes. En rampant, ils réussissent à ouvrir des passages à travers les défenses ennemies, mais bien peu de ces héros rejoi-
gnent leurs camarades..... Toute la ligne japonaise est illu-
minée par l'éclair de l'acier sortant des fourreaux. C'est la
dernière phase, c'est l'assaut. Les officiers, une fois de plus,
quittent l'abri au cri de : *banzaï!* répété par tous les assaillants.
Ils progressent péniblement, mais sûrement, malgré les réseaux
de fils de fer, les trous de loup et la fusillade inexorable; le flot
s'abat par instant, mais avance toujours. Les voilà à quelques
mètres des tranchées; alors, du côté russe, la longue ligne grise
des fusiliers sibériens se dresse à son tour, envoie une dernière
salve sur l'ennemi et descend en courant le revers de la montagne..... La bataille est gagnée; l'assaut a duré exactement une
heure et dix minutes..... »

*
* *

Nous pensons avoir suffisamment démontré, par ces différents exemples, que seule la charge à la baïonnette peut, aujourd'hui comme autrefois, amener la décision.

Paris. — Imprimerie R. CHAPELOT et Cᵉ, 2, rue Christine.

PARIS. — IMPRIMERIE R. CHAPELOT ET C⁶, 2, RUE CHRISTINE.